essentials

Essentials liefern aktuelles Wissen in konzentrierter Form. Die Essenz dessen, worauf es als „State-of-the-Art" in der gegenwärtigen Fachdiskussion oder in der Praxis ankommt. Essentials informieren schnell, unkompliziert und verständlich.

- als Einführung in ein aktuelles Thema aus Ihrem Fachgebiet
- als Einstieg in ein für Sie noch unbekanntes Themenfeld
- als Einblick, um zum Thema mitreden zu können.

Die Bücher in elektronischer und gedruckter Form bringen das Expertenwissen von Springer-Fachautoren kompakt zur Darstellung. Sie sind besonders für die Nutzung als eBook auf Tablet-PCs, eBook-Readern und Smartphones geeignet.

Essentials: Wissensbausteine aus den Wirtschafts, Sozial- und Geisteswissenschaften, aus Technik und Naturwissenschaften sowie aus Medizin, Psychologie und Gesundheitsberufen. Von renommierten Autoren aller Springer-Verlagsmarken.

Harald Nahrstedt

Die Monte-Carlo-Methode

Beispiele unter Excel VBA

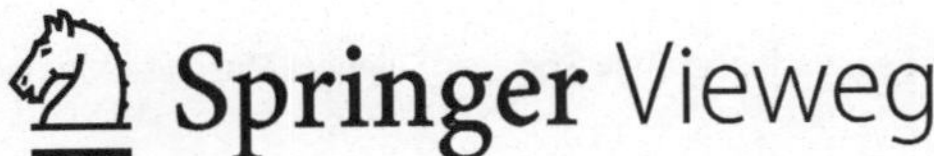

Springer Vieweg

Dipl.-Ing. Harald Nahrstedt
Möhnesee
Deutschland

ISSN 2197-6708   ISSN 2197-6716 (electronic)
essentials
ISBN 978-3-658-10148-0   ISBN 978-3-658-10149-7 (eBook)
DOI 10.1007/978-3-658-10149-7

Die Deutsche Nationalbibliothek verzeichnet diese Publikation in der Deutschen Nationalbibliografie; detaillierte bibliografische Daten sind im Internet über http://dnb.d-nb.de abrufbar.

Springer Vieweg
© Springer Fachmedien Wiesbaden 2015

Gedruckt auf säurefreiem und chlorfrei gebleichtem Papier

Springer Fachmedien Wiesbaden ist Teil der Fachverlagsgruppe Springer Science+Business Media
(www.springer.com)

Was Sie in diesem Essential finden können

- Die geschichtlichen Grundlagen
- Zufallszahlen und ihre Gesetzmäßigkeiten
- Modellbasierte Betrachtungen
- Zufallsbedingte Simulationen
- Statistische Verteilungen
- Transformationen von Verteilungen
- Anwendungsbeispiel der Methode

Vorwort

Das Microsoft-Office-Paket und darin insbesondere das Excel-Programm mit seinen Programmiermöglichkeiten entwickeln sich immer mehr zu einem universellen Arbeitsmittel. So wie wir heute von Industrie 4.0 sprechen und damit Stufen der industriellen Entwicklung meinen, gibt es diese Entwicklung auch im Büro-, Zeit- und Projektmanagement. Waren es am Anfang Papier, Bleistift und Rechenschieber, so gab es dann die Ära der programmierbaren Tisch- und Taschenrechner. Ihnen folgten die Anwendungsprogramme, die heute mit einer komfortablen Entwicklungsumgebung kaum noch Wünsche offen lassen.

Mit diesen Möglichkeiten sind wir nun in der Lage, unsere Entscheidungen auf vielfältige Art zu begründen. Wir sammeln Informationsmaterial, tauschen es miteinander aus und bekommen Fragen im Internet beantwortet. Wir bilden Teile unsere Welt in Modellen ab und simulieren ihr Verhalten. Eine der elementaren Methoden von Simulationen ist die Monte-Carlo-Methode, die inzwischen in vielen Varianten und Weiterentwicklungen in allen Bereichen unseres Lebens Einfluss nimmt. Ob es nun Auswertungen, Abschätzungen oder Vorhersagen sind. Die Methode ist ein schneller und besonders preiswerter Weg zu fachlichen Aussagen. Weniger als wissenschaftlicher Beweis, dazu ist dann doch ein erheblicher Aufwand nötig, sondern eher als pragmatisch technischer Ansatz zum Verständnis von Zusammenhängen.

Die Methode nutzt Pseudozufallszahlen, die entgegen ihrem Namen doch mit einigen Gesetzmäßigkeiten behaftet sind. Ihre Gleichverteilung oder deren Transformationen in andere Verteilungsformen zusammen mit Wahrscheinlichkeiten aus empirischen Betrachtungen bilden die Grundlage probabilistischer Simulationen.

Das Essential gibt einen Einblick in die geschichtliche Entwicklung der Methode und vermittelt die Möglichkeiten der Anwendung. Es zeigt die Wege der Modellbildung, aber auch deren Tücken bis hin zu Falschaussagen. Gerade bei der Modellbildung für Simulationen ist eine kritische Betrachtungsweise angebracht.

Mit den richtigen Grundlagen ist der Weg zu neuen Erkenntnissen einfach und konstruktiv. Hier zeigt sich auch, dass die Programmierung mit VBA unter Excel ein wunderbares Arbeitsmittel zur Dokumentation, zur Analyse und letztlich auch zur Visualisierung mit Diagrammen ist.

Alle Excel Mappen finden Sie auf meiner Homepage www.harald-nahrstedt.de zum Download.

Harald Nahrstedt

Inhaltsverzeichnis

Grundlagen

1

1.1 Geschichte

Die Entstehung der Monte-Carlo-Methode basiert auf zwei Erzählungen. Die ältere Geschichte beginnt in Monte Carlo, als ein Mathematiker den Weg eines Betrunkenen beobachtete. Der Betrunkene hielt sich an einem Laternenpfahl fest, bevor er sich dann von diesem entfernte. Er schwankte dabei so stark, dass er jedes Mal eine neue Richtung einschlug. Der Mathematiker fragte sich nun, wie weit es wohl der Betrunkene vom Laternenpfahl nach einer bestimmten Anzahl Schritten schaffen würde. Um eine Wahrscheinlichkeitsaussage treffen zu können, hätte er aber noch eine Vielzahl Betrunkener in der gleichen Situation beobachten müssen. Der Mathematiker wählte einen anderen, eleganteren Weg. Er erschuf ein mathematisches Modell und nannte es die *Monte-Carlo-Methode*.

Die zweite Geschichte stammt aus der Zeit, als unter dem Begriff *Operations Research* die Anwendung wissenschaftlicher Methoden auf militärische Prozesse im zweiten Weltkrieg angewendet wurden – wie Bomberflüge, Minenoperationen, Suchmethoden nach Unterseebooten und die Zusammensetzung von Schiffskonvois. Mit dem Aufkommen von Digitalrechnern erfuhr die Ausweitung auf industrielle Bereiche geradezu einen Run. Aber auch der militärische Einsatz wurde weiter vorangetrieben. Im Jahre 1946 gab es ein geheimes Projekt im *Los Angeles Scientific Laboratory*, an dem die drei namhaften Personen *Enrico Fermi, Stanislaw Ulam* und *John von Neumann* beteiligt waren. Es führte zur Entwicklung der Atombombe. Fermi hatte sich schon 1930 mit der Simulation von Neutronenbewegungen befasst. Ihr geheimes Projekt sollte einen Namen bekommen und von Neumann schlug *Monte Carlo* vor – wohl in Anlehnung an die Beziehungen von Ulams Onkel zur Spielbank von Monte Carlo.

© Springer Fachmedien Wiesbaden 2015
H. Nahrstedt, *Die Monte-Carlo-Methode*, essentials,
DOI 10.1007/978-3-658-10149-7_1

1.2 Zufallszahlen

Man kann nicht über die Monte-Carlo-Methode sprechen, ohne auf die *Zufallszahlen* und deren Erzeugung einzugehen. Die Simulation des Zufalls durch Zufallszahlen in einem Digitalrechner ist an sich ein Widerspruch. Eine deterministisch arbeitende Maschine lässt dem Prinzip des Zufalls keinerlei Raum. Bestenfalls lassen sich durch einen Computer so genannte *Pseudo-Zufallszahlen* erzeugen, die den Eigenschaften echter Zufallszahlen nahe kommen.

Eine elementare Eigenschaft von Zufallszahlen wird als *Gesetz der großen Zahlen* bezeichnet. Es besagt mit einfachen Worten, wenn nur *hinreichend* viele Zufallszahlen auf einem Intervall erzeugt werden, dann stellt sich mit immer größerer Wahrscheinlichkeit eine Gleichverteilung auf dem betrachteten Intervall ein. Mit anderen Worten, wird das betrachtete Intervall in beliebig viele gleich-große Teilintervalle aufgeteilt, so befindet sich mit großer Wahrscheinlichkeit bei hinreichend vielen Zufallszahlen in jedem dieser Teilintervalle die gleiche Anzahl Zufallszahlen.

Betrachten wir ein Beispiel. Beliebt ist das Werfen einer Münze mit den Ereignissen Kopf oder Zahl. Die Wahrscheinlichkeit für das Eintreten eines Ereignisses liegt jeweils bei ½. Wird die Münze ein paarmal geworfen, so ist nicht unbedingt eine Gleichverteilung zwischen den Ereignissen zu erwarten. Wird die Münze häufiger geworfen, so nähert sich der Quotient von Ereignis Zahl geteilt durch Anzahl Würfe dem Wert ½. Erst recht, wenn die Anzahl Würfe sehr hoch ist. Doch es ist nicht garantiert, dass mit wachsenden Würfen auch die Annährung an ½ stattfindet. Es gibt kein Gesetz des Ausgleichs, wenn er auch irgendwann stattfindet. Daher wählt man gerne die Formulierung *hinreichend*.

Das erste Mal erwähnt wurde diese Gesetzmäßigkeit im Jahre 1713. Der Verfasser war *Jakob Bernoulli*. In seiner *Ars Conjectandi* beschäftigt er sich mit dem Gesetz für relative Häufigkeiten, dem einfachsten Fall zum Gesetz der großen Zahl. Seither wird ein Zufallsexperiment mit genau zwei Ergebnissen auch als *Bernoulli Experiment* bezeichnet.

1.3 Modellbildung und Simulation

Wenn auch die Verwendung von Pseudo-Zufallszahlen keine hundertprozentige Sicherheit auf das richtige Ergebnis bedeutet, so sind doch ihre Anwendungen vergleichsweise elementar und sehr effizient. Modellbildung und Simulation sind die zentralen Begriffe, wenn es um die Anwendung der Monte-Carlo-Methode geht.

Fermi, Ulam und von Neumann untersuchten in ihrem Labor Kernspaltungsprozesse. Physikalische Experimente waren zu gefährlich, da sie zu Kettenreaktionen und damit zur Explosion führen konnten. Doch Kernspaltungsprozesse sind von stochastischer Natur und unterliegen einer Vielzahl nichtlinearer Zusammenhänge, ähnlich den Wettermodellen in heutigen Rechnern. Eine analytische Berechnung ist damit nicht möglich. Erst die Simulation der Neutronenbewegungen in einer Materie, unter Annahme von Flugbahn, Auftreffwinkel, Abprall und Absorption, macht genauere Aussagen möglich. Heute sind die Methoden so verfeinert, dass die Durchführung von Atomwaffentests unnötig ist.

Die Monte-Carlo-Methode findet in vielen Bereichen ihre Anwendung. In mathematischen Modellen lassen sich nicht lösbare Integrale und Naturkonstanten bestimmen, wie z. B. die Kreiskonstante π. Ihr Einsatz in Optimierungsverfahren ist weit verbreitet. Die Methode dient zur Bestimmung von Verteilungseigenschaften ebenso, wie zur Bestimmung von Schätzfunktionen über Abweichungen von Daten. Sie hilft Probleme in den Produktionsprozessen von Fertigungsunternehmen aufzudecken. Sie findet Anwendung in den Wetter- und Klima-Modellen unserer Erde. In der Nuklearmedizin dient sie den Rekonstruktionsverfahren. Aber auch in der Physik, in der Chemie und vielen anderen Wissenschaftsgebieten findet sie dank immer schnellerer Rechnersysteme ihren Einsatz.

Der Weg eines Betrunkenen 2

Hätte es damals schon Computer gegeben, wäre es für unseren Mathematiker um einiges leichter gewesen, den Weg des Betrunkenen zu bestimmen. Er hätte nicht nur eine beliebige Anzahl Schritte simulieren, sondern gleichzeitig auch eine Vielzahl von Betrunkenen auf den Weg schicken können. Holen wir dies zum allgemeinen Verständnis der Methode heute nach.

2.1 Der lineare Weg eines Betrunkenen

Zur Programmierung wird ein Tool benutzt, das vielen Anwendern zur Verfügung steht, die meisten aber kaum kennen, *Visual Basic for Application* (kurz *VBA*). Der Entwicklungseditor ist in jeder Microsoft Office Anwendung, wie beispielsweise Word, PowerPoint und Excel verfügbar. Aufgerufen wird er mit der Tastenkombination ALT+F11. Wer sich mit VBA näher befassen will, findet in meinem Buch *Excel + VBA* im Kap. 1 eine Einführung.

Unser erstes Modell besteht aus einem Betrunkenen, einer Laterne (dem Nullpunkt) und aus den Bewegungen Vorwärts und Rückwärts. Außerdem wird eine feste Schrittlänge vorausgesetzt. Die Darstellung der Bewegung des Betrunkenen, auf einer Zeitachse aufgetragen, könnte in etwa wie in Abb. 2.1 aussehen.

Die nachfolgende Prozedur im VBA-Code simuliert das 1D-Modell mit eintausend Betrunkenen, die sich jeweils einhundert Schritte von der Laterne entfernen. Der Zufallszahlengenerator erzeugt gleichverteilte Pseudozufallszahlen im Intervall von Null bis Eins.

Für die Simulation werden die Zufallszahlen in der unteren Hälfte des Intervalls als Rückschritt gewertet, während die Zufallszahlen in der oberen Hälfte des Intervalls für das Vorwärtskommen sorgen. Gleichzeitig wird der Weg des ersten

© Springer Fachmedien Wiesbaden 2015
H. Nahrstedt, *Die Monte-Carlo-Methode*, essentials,
DOI 10.1007/978-3-658-10149-7_2

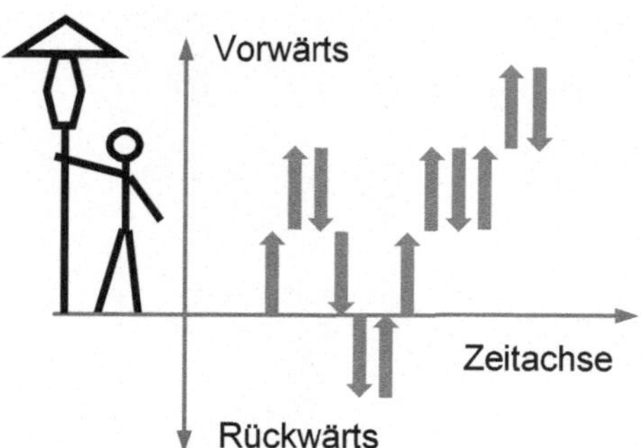

Abb. 2.1 1D-Modell zur Bewegung eines Betrunkenen

Betrunkenen aufgezeichnet, so dass er anschließend anschaulich wiedergegeben werden kann.

Ein mögliches Ergebnis dieser Simulation zeigt Abb. 2.2. Darin ist ein Excel-Tabellenblatt zu sehen, mit der Häufigkeit der erzeugten Positionen der eintausend Betrunkenen nach einhundert Schritten. Das daraus resultierende Balkendiagramm, auch als Histogramm bezeichnet, zeigt eine Häufigkeitsverteilung um den

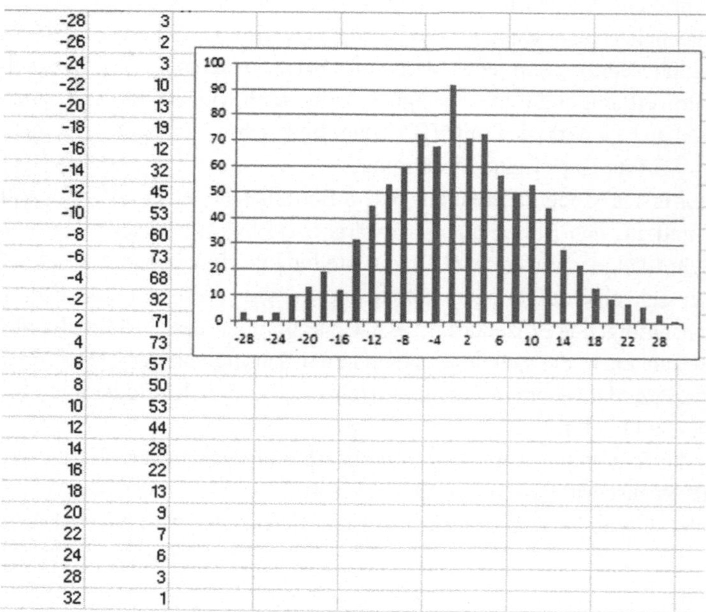

Abb. 2.2 Ergebnis einer Simulation mit dem 1D-Modell

Nullpunkt. Jede erneute Simulation würde andere Werte liefern, aber immer würde sich wahrscheinlich eine solche Verteilung ergeben, doch garantiert ist sie nicht. Es wäre auch absurd hier von einer Garantie zu sprechen, denn die ist durch den Zufallscharakter der Stichprobe ja bereits ausgeschlossen.

Algorithmus 1 1D-Simulationsmodell

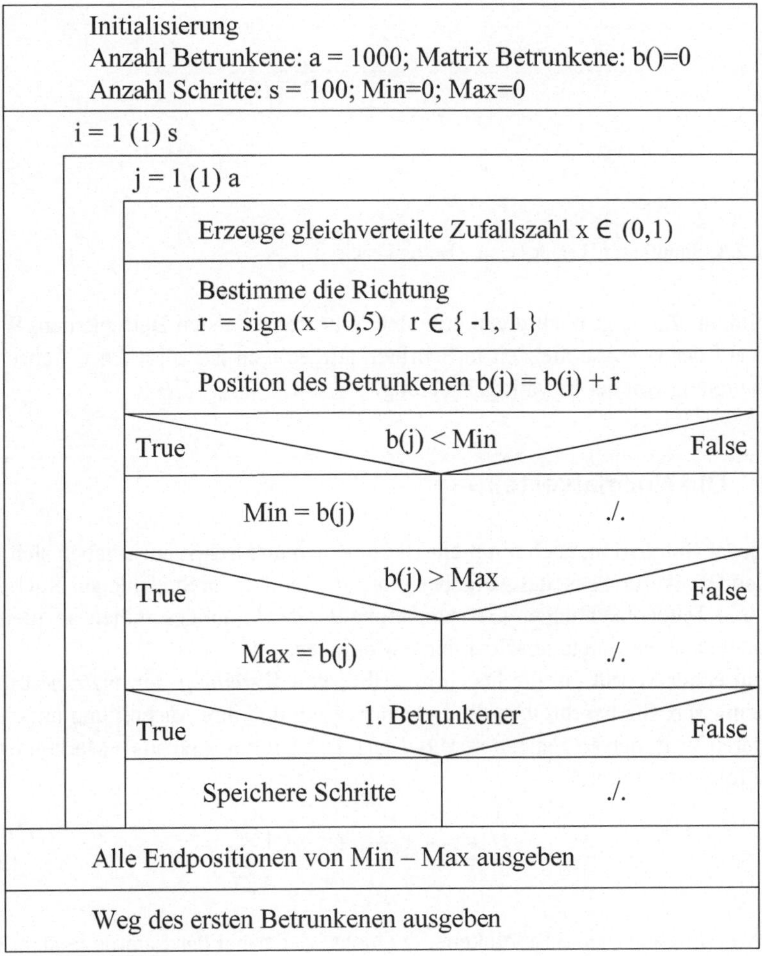

<table>
<tr><td colspan="3">Initialisierung
Anzahl Betrunkene: a = 1000; Matrix Betrunkene: b()=0
Anzahl Schritte: s = 100; Min=0; Max=0</td></tr>
<tr><td colspan="3">i = 1 (1) s</td></tr>
<tr><td></td><td colspan="2">j = 1 (1) a</td></tr>
<tr><td></td><td colspan="2">Erzeuge gleichverteilte Zufallszahl x $\in$ (0,1)</td></tr>
<tr><td></td><td colspan="2">Bestimme die Richtung
r = sign (x – 0,5)   r $\in$ { -1, 1 }</td></tr>
<tr><td></td><td colspan="2">Position des Betrunkenen b(j) = b(j) + r</td></tr>
<tr><td></td><td colspan="2">True   b(j) < Min   False</td></tr>
<tr><td></td><td>Min = b(j)</td><td>./.</td></tr>
<tr><td></td><td colspan="2">True   b(j) > Max   False</td></tr>
<tr><td></td><td>Max = b(j)</td><td>./.</td></tr>
<tr><td></td><td colspan="2">True   1. Betrunkener   False</td></tr>
<tr><td></td><td>Speichere Schritte</td><td>./.</td></tr>
<tr><td colspan="3">Alle Endpositionen von Min – Max ausgeben</td></tr>
<tr><td colspan="3">Weg des ersten Betrunkenen ausgeben</td></tr>
</table>

Download 1: mc_01_Zufallsweg

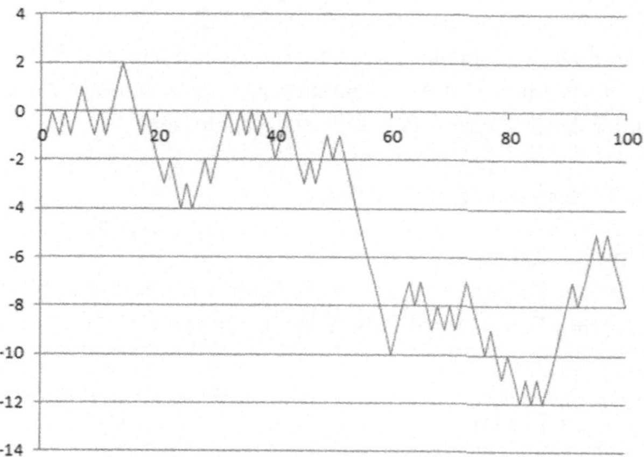

Abb. 2.3 Simulierter Weg des ersten Betrunkenen

Abbildung 2.3 zeigt noch die simulierten Schritte des ersten Betrunkenen. Während auf der x-Achse die Zeit in Schritten aufgetragen ist, zeigt die y-Achse die Abweichung von der gewollten Richtung.

2.2   Die Normalverteilung

Mit jeder Simulation, auch mit mehr Betrunkenen und Schritten, ergeben sich immer andere Werte. Es ist das Aufgabengebiet der induktiven Statistik, aus Stichproben und Teilbeobachtungen Gesetzmäßigkeiten der Grundgesamtheit abzuleiten. Dazu bedient sie sich unterschiedlicher Methoden.

Ein erster Schritt ist, die Daten mit Hilfe von *Verteilungsparametern* zusammenzufassen. Sie beschreiben die Lage der Daten und ihre Ausbreitung um einen mittleren Wert, den so genannten *Mittelwert*. Er bestimmt sich aus n Merkmalen x_i nach folgender Formel

$$\mu = \frac{x_1 + x_2 + x_3 + \ldots + x_n}{n} = \frac{1}{n}\sum_{i=1}^{n} x_i \tag{2.1}$$

Doch es gibt auch viele Betrunkene, die nicht wieder bei der Laterne landen. Ein gebräuchliches Maß für diese Abweichungen ist die *Varianz*. Aus einer Menge von n Merkmalswerten x_i bestimmt sich die Varianz σ^2 aus der Gleichung

$$\sigma^2 = \frac{1}{n-1} \sum_{i=1}^{n} (x_i - \mu)^2 \qquad (2.2)$$

Um die Varianz bestimmen zu können, muss also zuvor der Mittelwert bekannt sein. Die Quadratwurzel aus der Varianz wird als *Standardabweichung σ* bezeichnet.

Das Simulationsmodell erhält nach der Auswertung noch folgende Ergänzung im Code, die diese Kenngrößen auswertet und sie mittels der Anweisung `debug.print` in das Direktfenster der Auswertung schreibt (Algorithmus 2).

Algorithmus 2 Auswertung der Häufigkeitsverteilung

i = 1; Mittelwert m = 0; Anzahl a = 0
Für jede Position p
m = m + p(i)
a = a +1
i = i +1
Mittelwert m = m / a
i = 1; Varianz v = 0
Für jede Position p
v = v + (p(i) – m)²
i = i +1
Varianz v = v / (a – 1)
Standardabweichung σ = √(v)

Die Betrachtung des Diagramms lässt vermuten, dass es sich bei der Darstellung um eine *Glockenkurve* handelt oder genauer gesagt, dass hier eine Normalverteilung vorliegt. Und in der Tat haben Stichproben mit einer hinreichenden Menge

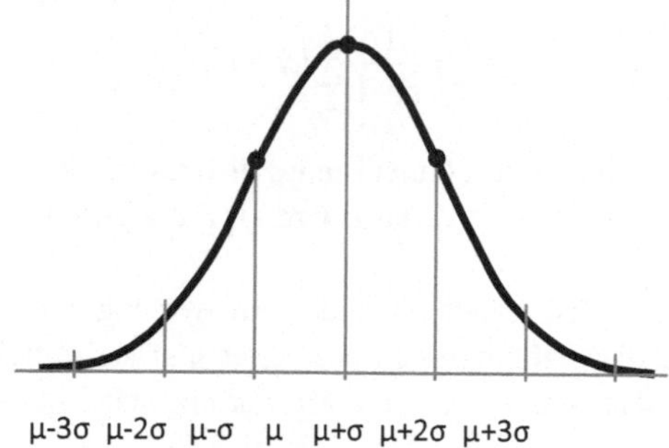

Abb. 2.4 Die Kurve der Normalverteilung

aus einer Grundgesamtheit die Eigenschaft einer Normalverteilung. Ja mehr noch, sie sind durch Mittelwert μ (Gl. 2.1) und Standardabweichung σ (Gl. 2.2) ausreichend beschrieben. Dies ist der Inhalt des *Zentralen Grenzwertsatzes*. Er sagt weiterhin aus, dass Erwartungswert und Standardabweichung der Stichprobe auch die der Grundgesamtheit entsprechen. Denn mitunter sind die Daten der Grundgesamtheit zu groß und nur Stichproben verwendbar. Mit den Werten von $\mu = 0$ und $\sigma = 1$ spricht man von einer *Standardnormalverteilung*. Abbildung 2.4 zeigt die Kurve der Normalverteilung mit ihren Eigenschaften.

So ist sie symmetrisch zum Mittelwert, der auch mit Modus, Median oder Erwartungswert bezeichnet wird. Die Kurve ist unimodal, da sie nur ein Maximum besitzt. Die Wendepunkte der stetigen Kurve sind genau eine Standardabweichung vom Erwartungswert entfernt.

Die Aussagen aus einer Simulation sind immer nur so gut wie das benutzte Modell. Und hier liegen auch die größten Fehlerpotentiale. So wird sich in der Realität kein Betrunkener auf einer Linie vor und zurück bewegen. Um den wirklichen Prozess im Modell abzubilden, muss das Modell verbessert werden.

2.3   Der Weg eines Betrunkenen in der Ebene

Wir kommen der Realität schon etwas näher, wenn wir zu Vorwärts und Rückwärts auch noch Links und Rechts zulassen. Unser Modell erhält nun zwei Koordinaten und der Weg eines Betrunkenen könnte wie in Abb. 2.5 dargestellt aussehen. Der nachfolgende Algorithmus 3 simuliert ein 2D-Modell mit eintausend Betrunkenen, die sich jeweils einhundert Schritte von der Laterne entfernen. Der Zufallszahlengenerator erzeugt zwei Pseudozufallszahlen für einen Schritt im Intervall von Null bis Eins. Für die Simulation werden die Zufallszahlen in der unteren Hälfte

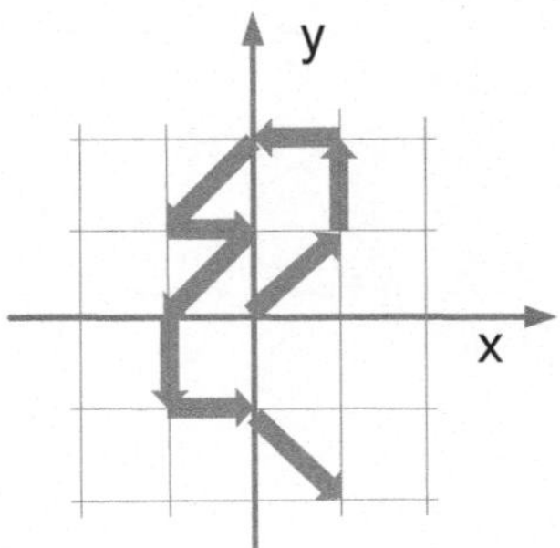

Abb. 2.5 Möglicher Weg eines Betrunkenen in der Ebene nach dem 2D-Modell

des Intervalls als negative Bewegung im Sinne der Koordinaten x und y gewertet, während die Zufallszahlen in der oberen Hälfte des Intervalls für eine positive Bewegung stehen. Das Ergebnis zeigt ebenfalls eine Verteilung um den Nullpunkt (Laterne), aber nun in der Ebene (Abb. 2.6).

Im Algorithmus werden auch die Positionen des ersten Betrunkenen in einer Tabelle ausgegeben. Abbildung 2.7 zeigt diesen Weg. Auch wenn die Simulation einen großen Weg in y-Richtung vorwärts und rückwärts zeigt, so befindet sich die Endposition schließlich wieder nahe der Nulllinie (roter Punkt).

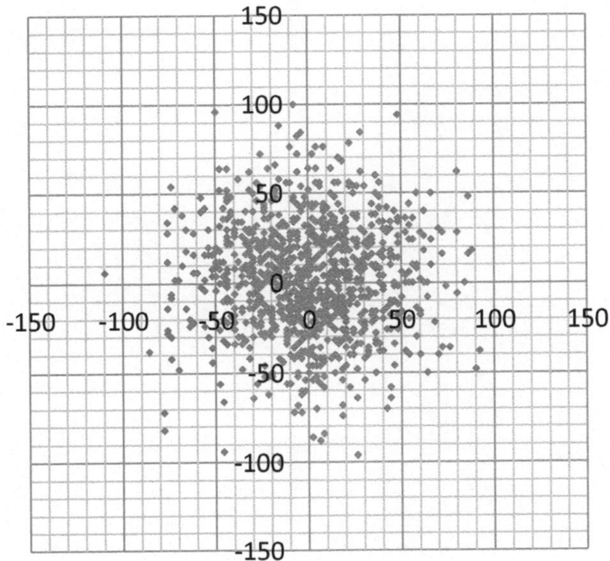

Abb. 2.6 Endpositionen nach einer Simulation

Abb. 2.7 Simulierter Weg des ersten Betrunkenen

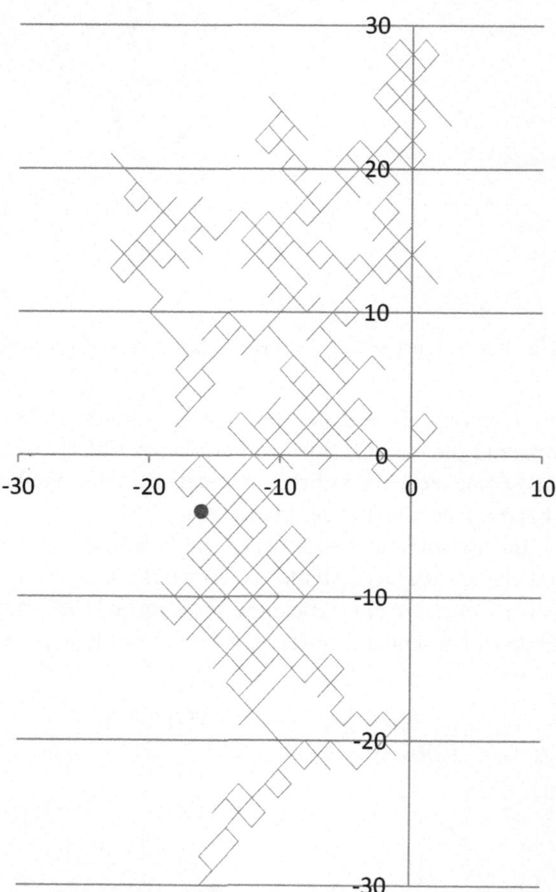

Algorithmus 3 2D-Simulationsmodell

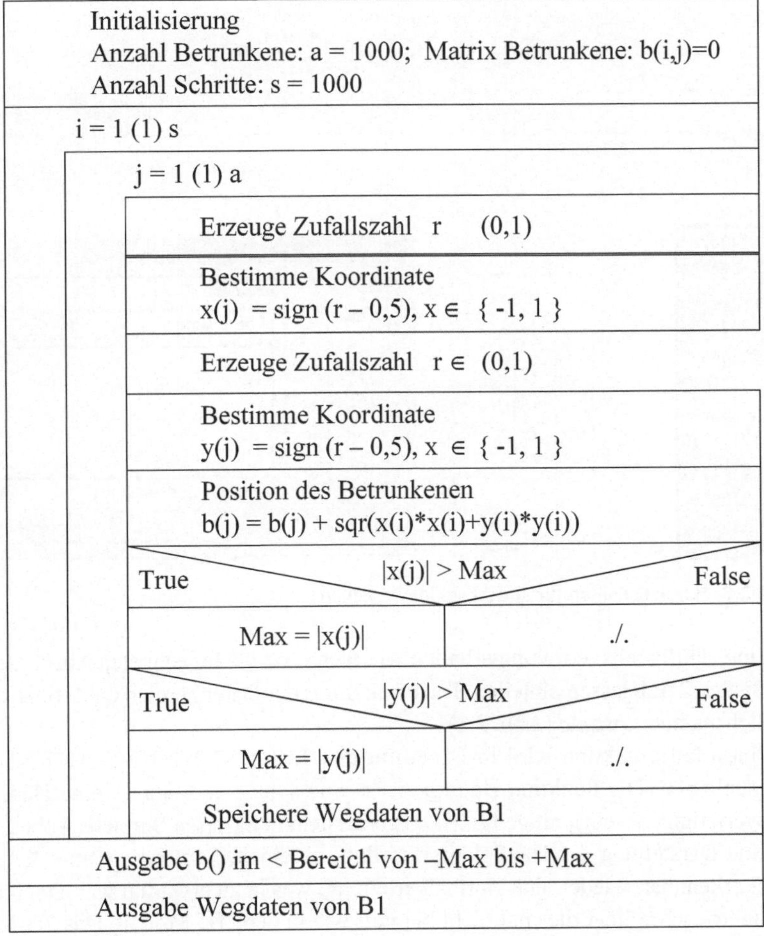

Download 3: mc_03_Zufallsweg

Aus den Positionen in der Ebene lässt sich nur eine ungefähre Anhäufung erkennen. Aus den Koordinaten wird in einer weiteren Spalte der vektorielle Abstand
jeder Position zur Laterne bestimmt.

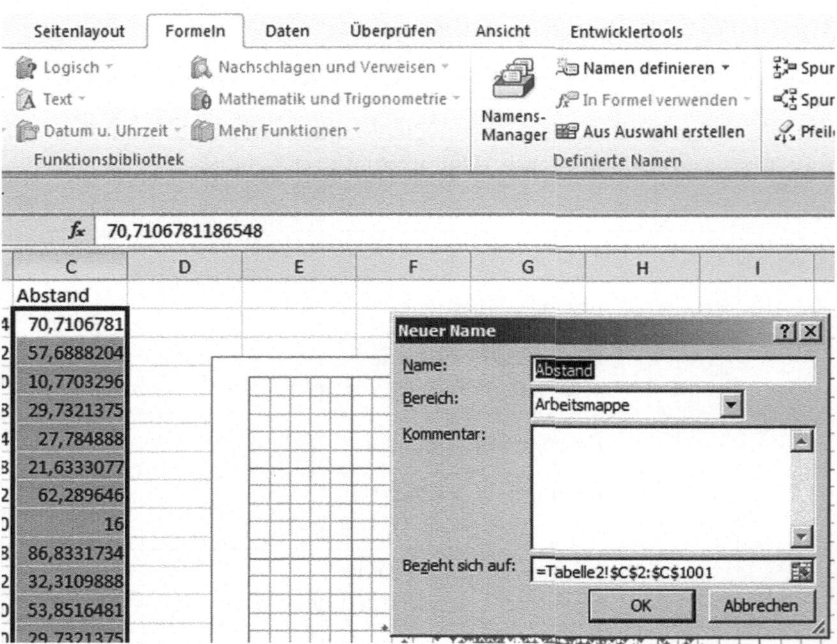

Abb. 2.8 Bereichsnamen für alle Abstände vergeben

Eine Häufigkeitsverteilung erhalten wir, wenn wir die berechneten Abstände in der Spalte C in Klassen einteilen. Dazu bekommt der Datenbereich C2:C1001 den Bereichsnamen *Abstand* (Abb. 2.8).

Eine Matrixfunktion wird in Excel mit den Tasten STRG+UMSCH+ENTER abgeschlossen. Die Funktion Häufigkeit ist eine solche und erstellt eine Häufigkeitsverteilung als einspaltige Matrix in genau dem markierten Bereich (Abb. 2.9).

Eine Darstellung der Häufigkeitsverteilung in einem Säulendiagramm liefert, leicht erkennbar, wieder eine Normalverteilung, was ja zu erwarten war. Doch die Symmetrieachse liegt diesmal nicht bei null wie in dem 1D Modell. Das 2D-Modell liefert eine Erkenntnis, die das 1D-Modell nicht liefern konnte.

An diesem einfachen Beispiel zeigt sich anschaulich die Problematik der Simulation. Nur ein Modell mit allen Einflussparametern kann auch realistische Aussagen erbringen. Das 2D-Modell zeigt uns, dass es eher unwahrscheinlich ist, dass ein Betrunkener zur Laterne zurückfindet.

Auf einem weiteren Tabellenblatt nehmen wir eine Klasseneinteilung in 10-ner Stufen vor. Auch dieser Bereich A2:A17 erhält den Bereichsnamen *Klassen*. Dann

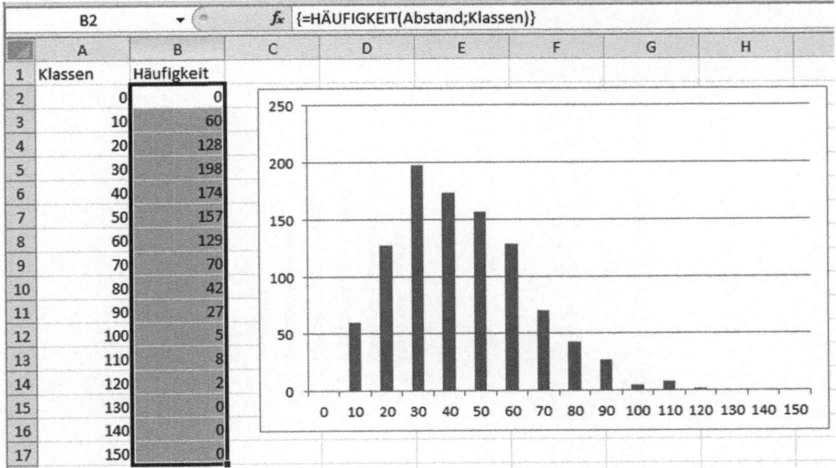

Abb. 2.9 Häufigkeitsverteilung der Klassen

wird der Bereich dahinter markiert und die Funktion *Häufigkeit* als Matrixfunktion in die Befehlszeile eingetragen.

Der Algorithmus 4 erstellt mit den Daten im Arbeitsblatt Simulation die Häufigkeitsverteilung automatisch in einem vorhandenen Arbeitsblatt Häufigkeitsverteilung.

Algorithmus 4 Häufigkeitsverteilung

Initialisierung Arbeitsblatt Simulation Arbeitsblatt Häufigkeitsverteilung
Den Abstands-Daten in Spalte C der Simulation den Namen Abstand geben.
Den Klassen-Daten in Spalte A der Häufigkeitsverteilung den Namen Klassen geben.
Mit der Funktion =HÄUFIGKEIT(Abstand;Klassen) in Spalte B der Häufigkeitsverteilung die Matrixwerte bilden.
Ein Balkendiagramm zur Häufigkeitsverteilung erstellen.

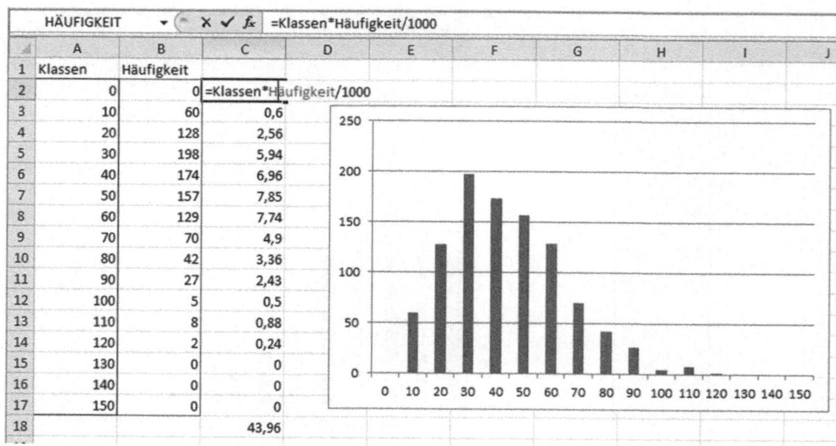

Abb. 2.10 Bestimmung des Mittelwertes

Die Berechnung des *Mittelwertes* einer Stichprobe bestimmt sich mit der Formel

$$\overline{x} = \sum_{i=1}^{n} x_i \cdot f(x_i) \tag{2.3}$$

Darin sind x_i die Stichprobenwerte und $f(x_i)$ die zugehörigen relativen Häufigkeiten.

Die Auswertung lässt sich ebenfalls im Arbeitsblatt Häufigkeitsverteilung (Abb. 2.10) schnell berechnen und liefert für das Beispiel einen Mittelwert von ca. 44 Schritten Entfernung von der Laterne bei 1000 ausgeübten Schritten. Erneute Versuche liefern ähnliche Werte.

2.4 Modeloptimierung und Transformation

Wenn wir das Verhalten eines Betrunkenen genauer studieren dann stellen wir fest, dass die Wahrscheinlichkeit für einen Schritt in eine beliebige Richtung nicht wirklich gleich ist.

Vielmehr dürfte sie eher wie in Abb. 2.11 dargestellt aussehen und damit die Wahrscheinlichkeit in der vorherigen Bewegungsrichtung (vor und zurück) größer sein als zur Seite und das abnehmend mit zunehmendem Winkel.

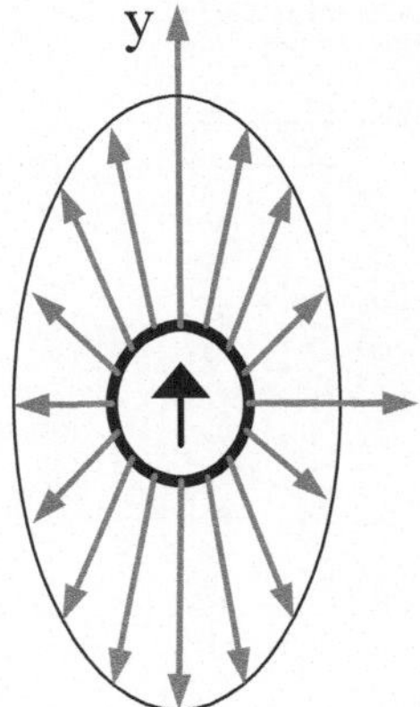

Abb. 2. 11 Angenommene Wahrscheinlichkeitsverteilung

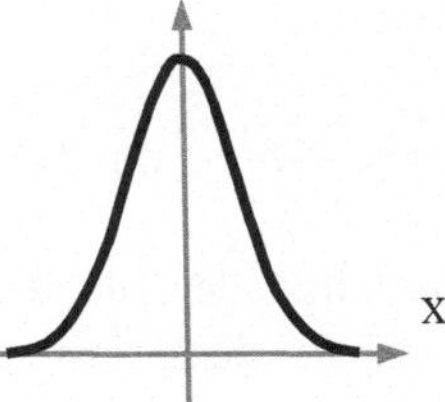

Abb. 2.12 Wahrscheinlichkeit für Abweichungen nach links und rechts

Tragen wir die Wahrscheinlichkeit für die Abweichung in x-Richtung als Funktion auf, dann ergibt sich in Annäherung eine uns bereits bekannte Form, die Normalverteilung (Abb. 2.12).

Bisher haben wir die Gleichverteilung von Zufallszahlen auf dem Intervall $(0,1)$ für unsere Simulation genutzt. Die meisten stochastischen Simulationen benötigen aber andere statistische Verteilungen. Hier stellt sich das Problem, gleichverteilte Zufallszahlen zu transformieren. *Transformationen* lassen sich teilweise direkt aus den statistischen Methoden ableiten. So wie in unserem Beispiel die Normalverteilung.

Aus den vielen Methoden zur Transformation von gleichverteilten Zufallszahlen wählen wir exemplarisch die *Box-Muller-Methode* aus. Sie bietet eine einfache Möglichkeit, aus zwei gleichverteilten unabhängigen Zufallszahlen x_1 und x_2 zwei standardnormalverteilte unabhängige Zufallszahlen z_1 und z_2 zu generieren. Die Transformationsvorschrift lautet

$$z_1 = \sqrt{-2\,lnx_1} \cdot cos\left(2\pi x_2\right) \qquad (2.4)$$

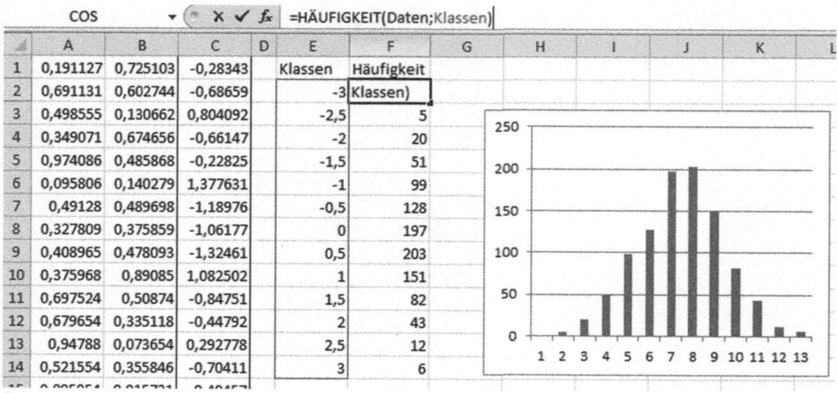

Abb. 2.13 Transformation von gleichverteilten Pseudozufallszahlen in normalverteilte

Download 4: mc_04_Transformation

und

$$z_2 = \sqrt{-2\ln x_1} \cdot \sin(2\pi x_2) \qquad (2.5)$$

Die standardnormalverteilten Zufallszahlen, die den Erwartungswert $\mu = 0$ und die Varianz $\sigma^2 = 1$ besitzen, lassen sich mit der Transformationsvorschrift

$$y = \mu + \sigma \cdot z \qquad (2.6)$$

in normalverteilte Zufallszahlen umzuwandeln.

Eine Tabelle mit 1000 gleichverteilten Zufallszahlen in den Spalten A und B werten wir nach der Formel (2.4) aus und erhalten in der Spalte C normalverteilte Zufallszahlen. Eine Auswertung der Zahlen in Klassen über die Häufigkeitsfunktion liefert den Beweis der Normalverteilung, zusätzlich als Diagramm in Abb. 2.13 dargestellt.

Für unser Simulationsmodell gehen wir wieder von einer Schrittweite Eins aus und transformieren die Abweichung von x auf das Intervall $(-1,1)$, dann bestimmt sich der Abstand in y nach dem Satz des Pythagoras (Abb. 2.14).

Die Richtungen Vorwärts und Rückwärts simulieren wir durch eine Zufallszahl. Dabei gehen wir von der Vermutung aus, dass auf drei Schritte vorwärts nur ein Schritt rückwärts erfolgt.

Für aufeinanderfolgende Schritte muss jedes Mal die Richtung neu bestimmt werden. In Abb. 2.15 ist dieser Sachverhalt noch einmal deutlich dargestellt. Mit dem ersten Schritt und der Abweichung x_1 bestimmt sich der Winkel φ_1 aus den allgemeinen Formeln

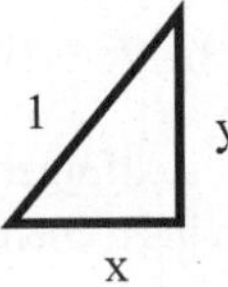

Abb. 2.14 Weganteile

$$vorwärts : \varphi_i = arccos\left(r_i\right)$$
$$rückwärts : \varphi_i = \pi - arccos\left(r_i\right)$$
$$(2.7)$$

Die Winkeldifferenz zwischen zwei Schritten i und i+1 bestimmt sich nach Abb. 2.15 aus der Formel

$$\Delta\varphi = \varphi_{i+1} - \left(\pi/2 - \varphi_i\right) = \varphi_{i+1} + \varphi_i + \pi/2 \qquad (2.8)$$

Damit ergeben sich die neuen Koordinaten mit $r \in \{-1, 1\}$ als Richtungsgröße

$$x_{i+1} = x_i + cos(\Delta\varphi) \qquad (2.9)$$

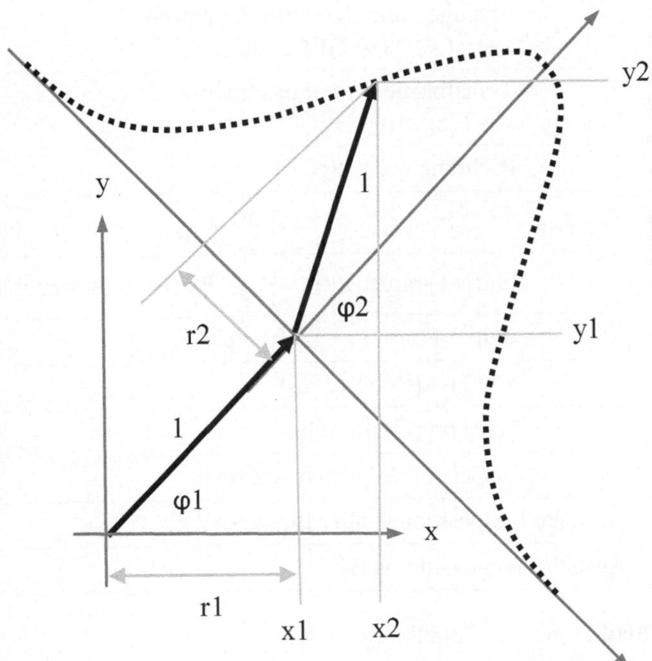

Abb. 2.15 Geometrie aufeinander folgender Schritte

$$y_{i+1} = y_i + r \cdot \sin(\Delta\varphi). \tag{2.10}$$

Der entsprechende Algorithmus 5 ist nachfolgend als Struktogramm dargestellt. Zu beachten ist, dass die Winkelangaben in Rechenanlagen in der Regel im Bogenmaß verwendet werden.

Zur Anschauung und Kontrolle lassen sich die Werte aber mit vorhandenen Worksheet-Funktionen wie Degrees in Gradwerte und Radians ins Bogenmaß umrechnen.

Algorithmus 5 Optimiertes Simulationsmodell

Initialisierung Anzahl Betrunkene: a = 1000; Matrix Betrunkene: b(,)=0 Anzahl Schritte: s = 1000
i = 1 (1) s
j = 1 (1) a
Erzeuge gleichverteilte Zufallszahlen   r1 ∈ (0,1), r2 ∈ (0,1)
Erzeuge normalverteilte Zufallszahl   z = √(-2 * ln(r1)) * cos(2p*r2)
Transformiere z auf das Intervall (-1,1):   x = T(z) ∈ (-1,1)
Richtung r = sgn(r1 − 0,25)
True   r > 0   False
Phi(i+1)=arccos(z)	Phi(i+1)=pi-arccos(z)
dPhi = Phi(i+1) + Phi(i) − pi/2
x(i+1)=x(i)+cos(dPhi)
y(i+1)=y(i)+sin(dPhi)
Speichere Wegdaten von B1
Ausgabe Endpositionen aller Betrunkenen
Ausgabe Wegdaten von B1

Download 5: mc_05_Zufallsweg

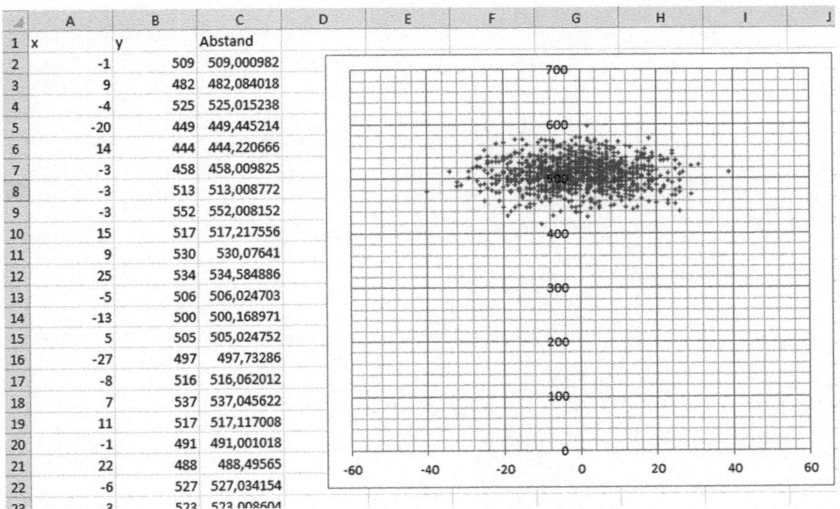

⊿	A	B	C	D	E	F	G	H	I	J
1	x	y	Abstand							
2	-1	509	509,000982							
3	9	482	482,084018							
4	-4	525	525,015238							
5	-20	449	449,445214							
6	14	444	444,220666							
7	-3	458	458,009825							
8	-3	513	513,008772							
9	-3	552	552,008152							
10	15	517	517,217556							
11	9	530	530,07641							
12	25	534	534,584886							
13	-5	506	506,024703							
14	-13	500	500,168971							
15	5	505	505,024752							
16	-27	497	497,73286							
17	-8	516	516,062012							
18	7	537	537,045622							
19	11	517	517,117008							
20	-1	491	491,001018							
21	22	488	488,49565							
22	-6	527	527,034154							
23	3	523	523,008604							

Abb. 2.16 Ergebnis nach dem optimierten Modell

Das Ergebnis ist nachfolgend in Abb. 2.16 zu sehen. Wir erhalten eine Vertei-
lungswolke, die von Wahrscheinlichkeitsparametern bestimmt wird.

Abbildung 2.17 zeigt den Weg des ersten Betrunkenen nach diesem Modell.

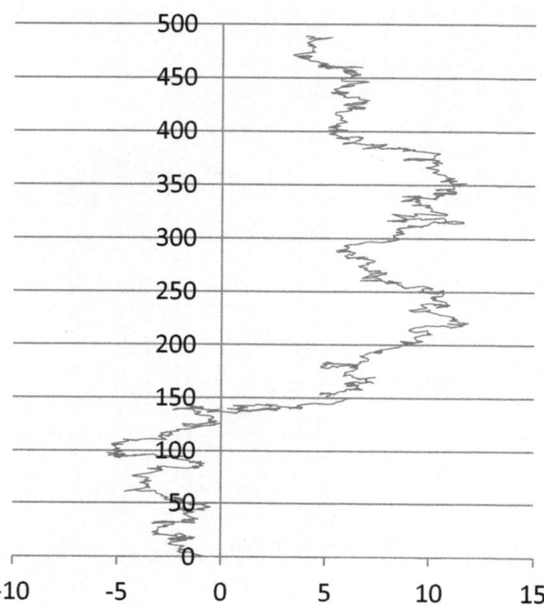

Abb. 2.17 Simulierter Weg des ersten Betrunkene

Weitere Anwendungen 3

Aus den vielen Anwendungsmöglichkeiten habe ich ein paar Beispiele ausgewählt. Sie können nicht die Vielfalt der Methoden-Varianten wiedergeben, die derzeit in der Praxis Verwendung finden. Vielmehr sollen sie durch ihre Gegensätze zeigen, welche Möglichkeiten in der Methode stecken.

3.1 Neutronenbewegungen

Kommen wir noch einmal zur Anfangsgeschichte und der Neutronenbewegung zurück. Die Frage, die sich den Forschern stellte war, wieviel Neutronen gelingt es, einen Bleimantel, der sie umgibt, zu durchdringen – eine Frage, die sich auch beim Bau von Kernreaktoren stellt. Dieses Anwendungsfeld der Teilchenphysik lässt sich mithilfe der Monte-Carlo-Methode simulieren. Auch dazu ein stark vereinfachtes Modell, das aber die Problematik anschaulich zeigt.

Die Wand eines Behälters besteht aus Blei in die Neutronen eindringen. Sie stoßen dabei mit den Bleiatomen zusammen. Zur Vereinfachung unseres Modells gehen wir davon aus, dass die Neutronen immer senkrecht eindringen. Eine weitere Vereinfachung sagt aus, dass die Neutronen immer einen Abstand a = 1 zurücklegen, bevor sie mit Bleiatomen zusammen stoßen. Abbildung 3.1 gibt den Sachverhalt anschaulich wieder.

Das mathematische Modell beschreibt ein Neutron, das bereits einen Weg x in der Wand zurückgelegt hat und auf ein Bleiatom trifft. Es verändert seine Bahn um den Winkel φ, beschrieben durch eine Zufallsgröße im Bereich $(0, 2\pi)$, so dass die neue Position

© Springer Fachmedien Wiesbaden 2015
H. Nahrstedt, *Die Monte-Carlo-Methode*, essentials,
DOI 10.1007/978-3-658-10149-7_3

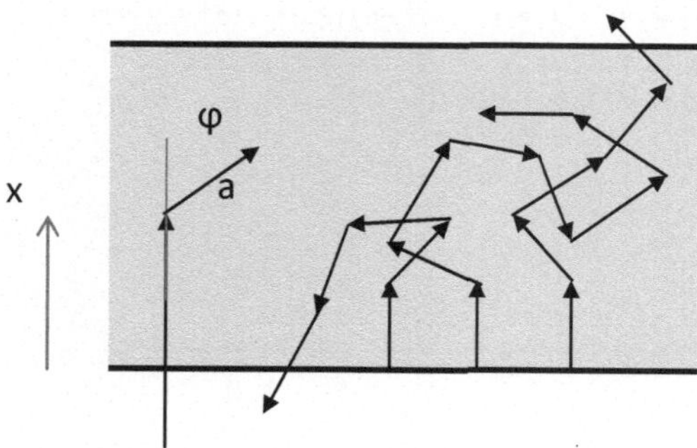

Abb. 3.1 Neutronenbewegungen in einer Wand

$$x = x + a \cdot \cos \varphi \tag{3.1}$$

beträgt.

Wird dabei x <= 0, so kehrt das Neutron in den Behälter zurück. Für das Modell nehmen wir weiter an, dass die Wanddicke ein n Faches von a ist, so dass mit der Position x >= n · a das Neutron den Behälter verlässt. Da mit jedem Zusammenstoß das Neutron an Energie verliert, wird es nach k Kollisionen absorbiert. Damit ist das Modell vorgegeben und wir können unter Vorgabe der Parameter den Fragen nachgehen, wie viele Neutronen die Wand durchdringen, in der Wand absorbiert werden und in den Behälter zurückkehren.

Algorithmus 6 Simulation einer Neutronenbewegung

<table>
<tr><td colspan="4">Initialisierung
Maximale Anzahl von Kollisionen: kmax = 5
Vielfache Wanddicke d=4</td></tr>
<tr><td colspan="4">i = 100.000 (100.000) 1.000.000</td></tr>
<tr><td></td><td colspan="3">j = 1 (1) i</td></tr>
<tr><td></td><td></td><td colspan="2">x=1; k=0</td></tr>
<tr><td></td><td></td><td colspan="2">Solange x>0 und x<d und k<kmax</td></tr>
<tr><td></td><td></td><td></td><td>k=k+1</td></tr>
<tr><td></td><td></td><td></td><td>Bestimme gleichverteilte Zufallszahl
r ∈ (0,1)</td></tr>
<tr><td></td><td></td><td></td><td>x = x + cos(2 π r)</td></tr>
<tr><td></td><td></td><td colspan="2">Bestimme, ob das Neutron zurück ist (x<0),
ausgetreten ist (x>d) oder absorbiert wurde
(k=kmax).</td></tr>
<tr><td></td><td colspan="3">Erstelle Diagramme</td></tr>
</table>

Download 6: mc_06_Neutronenbewegung

Das Ergebnis in Abb. 3.2 zeigt für die vorgegebenen Parameter eine viel zu hohe Diffusion. Die Simulation wird also mit anderen Parametern erforderlich. Aber die Simulation mit verschiedenen Wandstärken ist sicher kostengünstiger als ein Versuchsaufbau.

Abbildung 3.3 zeigt die Bahnen der ersten 10 Neutronen zur Anschauung. Natürlich sind sie mit jeder Simulation unterschiedlich.

Die Darstellung der Bahnen zeigt, dass alle drei Möglichkeiten für die Endpositionen der Neutronen auftreten. Sowohl die Rückkehr in den Reaktor ($y<0$), der Verbleib in der Reaktorwand ($0<=y<=4$) als auch der Austritt aus dem Reaktor ($y>0$).

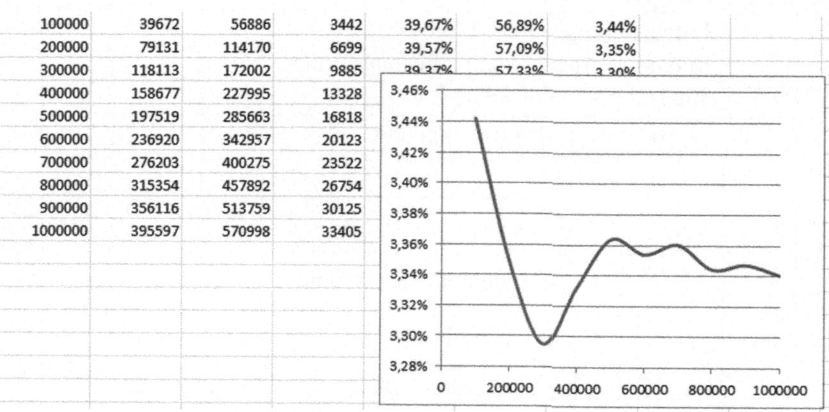

100000	39672	56886	3442	39,67%	56,89%	3,44%
200000	79131	114170	6699	39,57%	57,09%	3,35%
300000	118113	172002	9885	39,37%	57,33%	3,30%
400000	158677	227995	13328			
500000	197519	285663	16818			
600000	236920	342957	20123			
700000	276203	400275	23522			
800000	315354	457892	26754			
900000	356116	513759	30125			
1000000	395597	570998	33405			

Abb. 3.2 Neutronendiffusion durch eine Wand

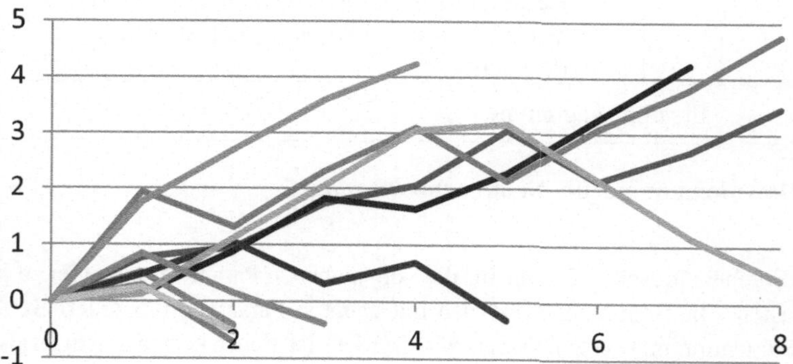

Abb. 3.3 Ein Beispiel der Bahnen der ersten zehn Neutronen

3.2 Simulation einer Ampelkreuzung

Algorithmen die mit Wahrscheinlichkeitsmodellen arbeiten, werden als *probabilistische Simulationen* bezeichnet. Beliebte Beispiele sind Warteschlangen-Probleme, wie Produktionsabläufe, Flughäfen, Ampelschaltungen, Reparaturzeiten, Ausfallhäufigkeiten, Auslastungsvorhersagen. Und kaum ein Wissenschaftsgebiet kommt ohne die Monte-Carlo-Methode aus.

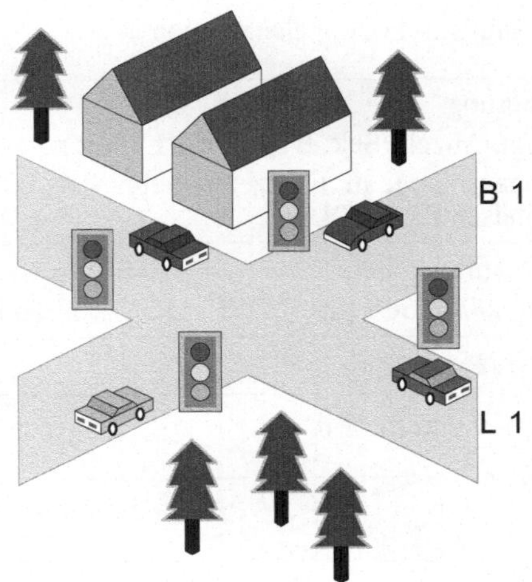

Abb. 3.4 Modell einer Ampelsteuerung

Ein sehr schönes und für jedermann verständliches Beispiel ist eine Ampel-schaltung nach Abb. 3.4. Wir starten mit einer Modellbeschreibung. Eine Bundes-straße B1 und eine Landstraße L1 kreuzen sich. Beide Straßen haben ein unter-schiedliches Verkehrsaufkommen, das durch Verkehrszählungen, wie wir sie alle kennen, bestimmt wird. Die erste vereinfachte Annahme ist, dass dieses Verkehrs-aufkommen, also eine Anzahl Fahrzeuge pro Zeiteinheit, konstant über den be-trachteten Zeitraum ist. Die zweite vereinfachte Annahme besagt, dass ein Fahr-zeug eine festgelegte konstante Zeit zum Überqueren der Kreuzung benötigt. Eine weitere vereinfachte Annahme besagt, dass die Ampeln nur den Zustand Rot und Grün kennen und dass diese sich gegenseitig für unterschiedliche Fahrtrichtungen ausschließen.

Mithilfe dieses Modells sollen die durchschnittlichen Wartezeiten an den Am-peln ermittelt und in einem weiteren Schritt optimiert werden. Betrachtet wird ein Zeitraum von einer Stunde. In dieser Zeit beträgt das ermittelte Verkehrsaufkom-men:

B1: 42.000 Fahrzeuge/Tag = 0,486111 Fahrzeuge/s
L1: 39.000 Fahrzeuge/Tag = 0,451388 Fahrzeuge/s

Algorithmus 7 Probabilistische Ampelsimulation

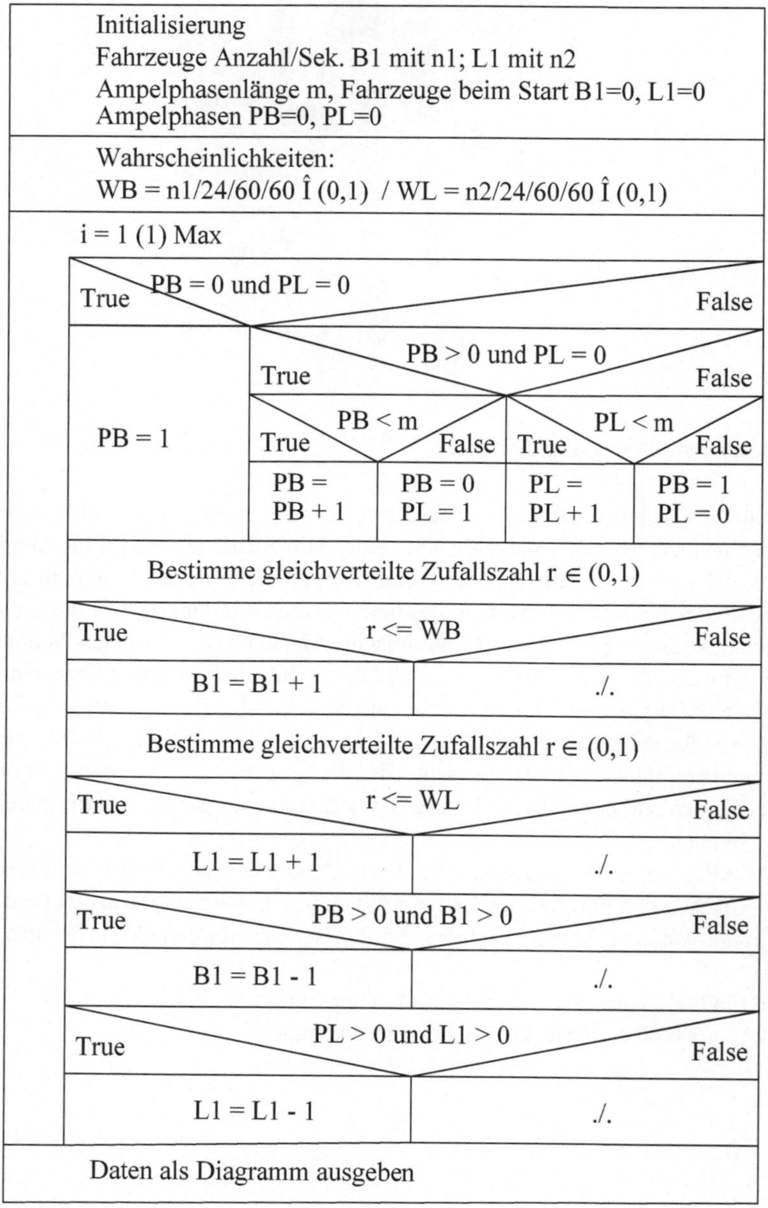

Initialisierung
Fahrzeuge Anzahl/Sek. B1 mit n1; L1 mit n2
Ampelphasenlänge m, Fahrzeuge beim Start B1=0, L1=0
Ampelphasen PB=0, PL=0

Wahrscheinlichkeiten:
WB = n1/24/60/60 Î (0,1) / WL = n2/24/60/60 Î (0,1)

i = 1 (1) Max

PB = 0 und PL = 0 — True / False

PB = 1

PB > 0 und PL = 0 — True / False

PB < m — True / False

PL < m — True / False

| PB = PB + 1 | PB = 0 PL = 1 | PL = PL + 1 | PB = 1 PL = 0 |

Bestimme gleichverteilte Zufallszahl r ∈ (0,1)

r <= WB — True / False

| B1 = B1 + 1 | ./. |

Bestimme gleichverteilte Zufallszahl r ∈ (0,1)

r <= WL — True / False

| L1 = L1 + 1 | ./. |

PB > 0 und B1 > 0 — True / False

| B1 = B1 - 1 | ./. |

PL > 0 und L1 > 0 — True / False

| L1 = L1 - 1 | ./. |

Daten als Diagramm ausgeben

Download 7: mc_07_Ampelsimulation

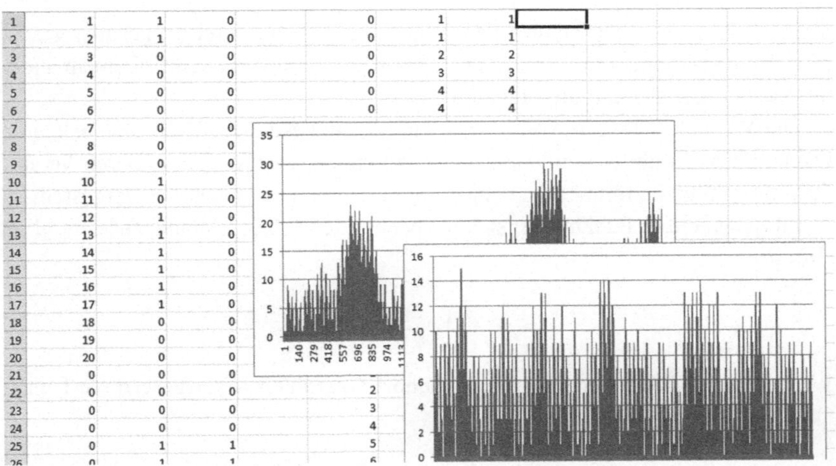

Abb. 3.5 Auswertung der Simulation

Pro Sekunde kann immer nur ein Fahrzeug die Kreuzung passieren. Für die Simulation wird ein Zeitraster von einer Sekunde zugrunde gelegt. Die Zustände der Ampeln wechseln zunächst alle 20 s. Damit ist unser Startmodell hinreichend beschrieben und wir können mit der Simulation beginnen.

Die Auswertung (Abb. 3.5) zeigt anschaulich, dass es zur Schlangenbildung kommt und dass sich die Warteschlange auch immer wieder abbaut. Um eine Aussage über Maximalwerte zu bekommen, muss die Simulation sehr oft wiederholt werden. Dies kann wiederum eine einfache Prozedur erledigen. Sie ruft mehrfach die Prozedur Ampelsteuerung auf und ermittelt die Maximalwerte. Die Durchführung dauert natürlich etwas und liefert dann Werte wie etwa B1=81, L1=24.

Ob die Ampelphasen ein Optimum darstellen, lässt sich an dieser Stelle schlecht beurteilen. Wahrscheinlich werden mit anderen Einstellungen bessere Werte erzielt. Hier hilft aber die Monte-Carlo-Methode nicht weiter, die Pseudozufallszahlen schon. Mit Hilfe generischer Algorithmen können wir es der Natur gleichtun und uns durch zufallsbedingte Änderungen der Schaltphasen einem Optimum nähern. Bei so viel Zufallszahlen ist dann auch nur eine Näherung möglich.

Doch dies ist nicht mehr Gegenstand dieser Abhandlung. Wir wenden uns einem neuen Ziel zu, der Lösung unbestimmter Integrale. Das Problem lässt sich verallgemeinern zur Bestimmung nicht berechenbarer Flächen. Ein Abfallprodukt des nachfolgenden Beispiels ist die Bestimmung der Naturkonstanten π.

3.3 Bestimmung unberechenbarer Flächen

Stellen wir uns vor, wir wüssten den Flächeninhalte eines Kreises, genauer gesagt eines Einheitskreises mit dem Radius 1, nicht. Jeder andere Kreis mit einem anderen Radius lässt sich auf die Methode reduzieren.

Die Methode sieht nun vor, dass wir um die unbekannte Fläche eine bekannte Fläche legen, in der wir zufallsbedingte Punkte generieren. Zur weiteren Vereinfachung genügt die Betrachtung eines Viertelkreises wie in Abb. 3.6 dargestellt.

Für jeden dieser Punkte lässt sich die nachfolgende Ungleichung auf Gültigkeit abfragen.

$$x_i^2 + y_i^2 \Leftarrow r^2 \tag{3.2}$$

Wenn nun eine Gleichverteilung der Pseudozufallszahlen vorausgesetzt wird, dann müssten sich die Verhältnisse

$$\frac{Punkte\_im\_Kreis}{Gesamtpunkte} \, und \, \frac{Kreisfläche}{Quadratfläche} \tag{3.3}$$

bei hinreichender Anzahl Punkte annähern. Ein einfacher, nachfolgend dargestellter Algorithmus 8 lässt uns diesen Zusammenhang untersuchen. Gleichzeitig geben wir den Wert $\pi/4$ in Form des Funktionswertes Atn(1) als Vergleichswert mit an.

Das Ergebnis verschiedener Ausführungen zeigt Abb. 3.7.

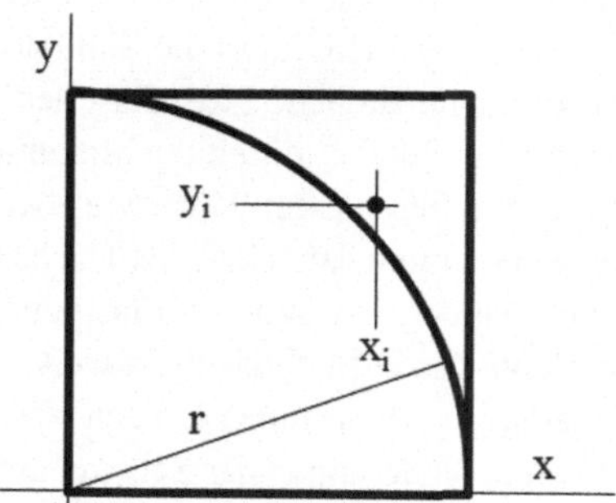

Abb. 3.6 Kreis und Quadrat

0,785017214982785	0,785398163397448
0,785337214662785	0,785398163397448
0,786188213811786	0,785398163397448
0,784874215125785	0,785398163397448
0,785326214673785	0,785398163397448
0,785440214559785	0,785398163397448
0,785185214814785	0,785398163397448
0,785672214327786	0,785398163397448
0,784952215047785	0,785398163397448
0,785685214314786	0,785398163397448
0,785851214148786	0,785398163397448
0,784823215176785	0,785398163397448
0,785224214775785	0,785398163397448

Abb. 3.7 Ergebnisse linke Spalte und Vergleichswert rechte Spalte

Algorithmus 8 Bestimmung der Kreisfläche

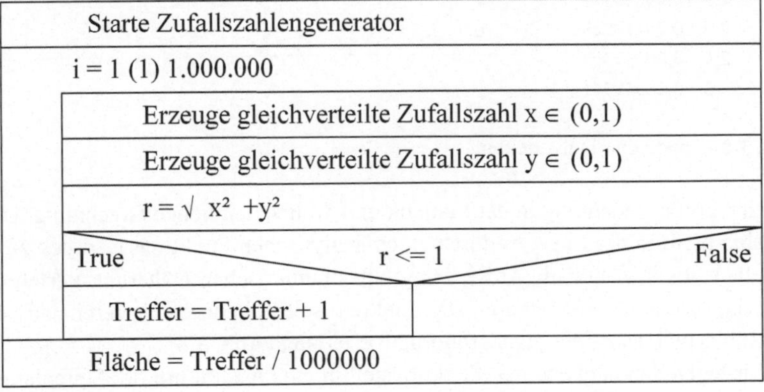

Download 8 : mc_08_Kreisfläche

Und noch etwas ergibt sich im Umkehrschluss, dass sich nämlich aus dem Verhältnis von Treffern (t) und Punkten (n) *die Zahl* π annähernd bestimmen lässt.

$$\pi(n) = 4\frac{t}{n} \tag{3.4}$$

Ein anderes Beispiel. Das Integral

$$F(x) = \int_{0}^{x} e^{-x^2}\, dx \tag{3.5}$$

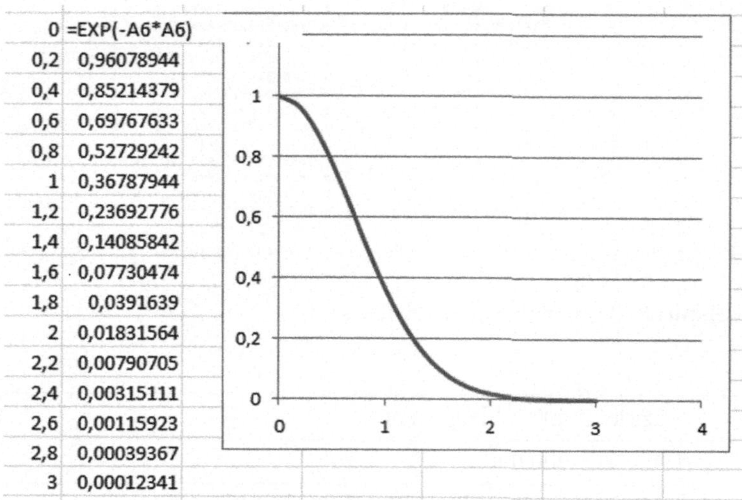

0	=EXP(-A6*A6)
0,2	0,96078944
0,4	0,85214379
0,6	0,69767633
0,8	0,52729242
1	0,36787944
1,2	0,23692776
1,4	0,14085842
1,6	0,07730474
1,8	0,0391639
2	0,01831564
2,2	0,00790705
2,4	0,00315111
2,6	0,00115923
2,8	0,00039367
3	0,00012341

Abb. 3.8 Standardnormalverteilung

hat eine große Bedeutung in der Statistik und Wahrscheinlichkeitsrechnung. Doch wir sind nicht in der Lage, es durch einen analytischen Funktionsausdruck zu beschreiben. Es hilft nur die Anwendung eines numerischen Näherungsverfahrens, bzw. die Monte-Carlo-Methode. Die Funktion selbst, kennen wir bereits aus dem Ampelbeispiel, es ist die Standardnormalverteilung (Abb. 3.8).

Wir legen den dargestellten Funktionsteil in ein Quadrat mit der Seitenlange 1 und erzeugen wieder hinreichend viele Punkte im Rechteck. Der exakte Wert lautet

$$\int_0^1 e^{-x^2} = 0,7468 \tag{3.6}$$

```
0,7473172526 82747
0,7475712524 28748
0,7471352528 64747
0,7470002529 99747
0,7473602526 39747
0,7470842529 15747
0,7471002528 99747
0,7471682528 31747
```

Abb. 3.9 Mögliche Ergebnisse der Integration

Abbildung 3.9 zeigt mögliche Ergebnisse nach der MCM.

Algorithmus 9 Bestimmung des Integrals

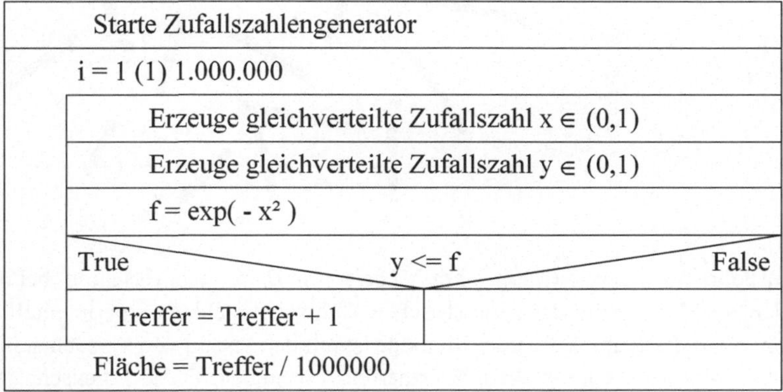

Download 9: mc_09_Integral

3.4   Das Nadelexperiment des Comte de Buffon

Das sich die Zahl π durch eine Flächenberechnung nach der Monte-Carlo-Methode bestimmen lässt, hat mit dem Vergleich zwischen Quadrat und Viertelkreis zu tun. Die genaue Bestimmung der Zahl π wurde bereits von vielen Völkern vor Christus versucht. Erst *Archimedes* bewies, dass das Verhältnis vom Umfang eines Kreises zu seinem Durchmesser genau so groß ist wie das Verhältnis der Fläche eines Kreises zum Quadrat des Radius. Diese Konstante benannte er noch nicht mit dem griechischen Buchstaben π, das kam erst viel später.

Für viele Mathematiker, Physiker, Astronomen und andere Wissenschaftler entspann sich ein regelrechter Wettlauf in der exakten Bestimmung von π. Es war auch nicht klar, ob die Anzahl der Nachkommastellen nicht irgendwann einmal enden würde und damit die Zahl π eine rationale Zahl ist. Ebenso vielfältig wie die Wissenschaftler waren auch deren Methoden. Besonders die Methode eines französischen Adligen ist insofern hier interessant, weil sich dessen Experiment durch die Monte-Carlo-Methode simulieren lässt.

Abb. 3.10 Das Nadel-experiment des Comte de Buffon

Im Jahre 1733 zeigte *Georges Louis Leclerc de Buffon* ein Verfahren, bei dem die Kreiszahl mit Hilfe der geometrischen Wahrscheinlichkeit experimentell angenähert werden kann. Bei dieser Methode ist mit der Anzahl von Versuchen nicht zwangsläufig auch eine stärkere Annäherung verbunden. Diese Eigenschaft hat auch die Monte-Carlo-Methode und wir haben mit der Bezeichnung *Hinreichend* die Anzahl von Versuchen treffend beschrieben.

Betrachten wir den Versuchsaufbau des Comte de Buffon. Er ließ Nadeln zufällig auf ein liniertes Papier fallen und bestimmte die Wahrscheinlichkeit, dass eine Nadel auf einer Linie liegen blieb. Bei diesem Experiment stellt er mit Verwunderung eine Beziehung mit der Zahl π fest (Abb. 3.10).

Zur Durchführung warf Buffon Holzstäbchen über die Schulter auf einen Fliesenboden. Wir haben es leichter und können den Versuch mit einem Modell simulieren. Somit sind wir bereits wieder bei der Monte-Carlo-Methode (Abb. 3.11).

Das Modell sieht eine Nadel der Länge l vor, die zwischen zwei Linien im Abstand a an der Position y fällt und unter dem Winkel φ zu liegen kommt. Wir haben es hier also mit zwei Zufallsgrößen, nämlich der Position $y \in [0, a]$ und dem Winkel $\varphi \in [0, 2\pi]$, zu tun. Unter der Voraussetzung, dass

$$0 < y + l\,sin\,\varphi < a \tag{3.7}$$

ist, berührt die Nadel keine Linie.

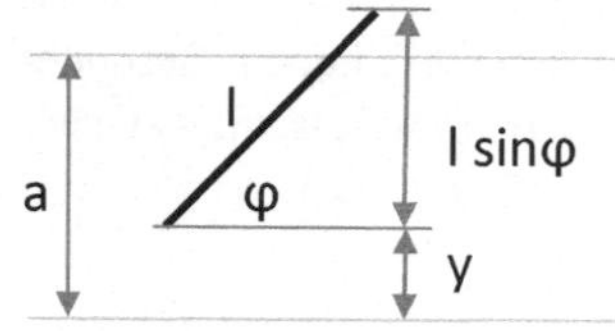

Abb. 3.11 Das Modell zum Nadelexperiment

Algorithmus 10 erzeugt für eine Anzahl Nadeln die Position und den Winkel ihres Auftreffens.

Algorithmus 10 Simulation des Nadelexperiments

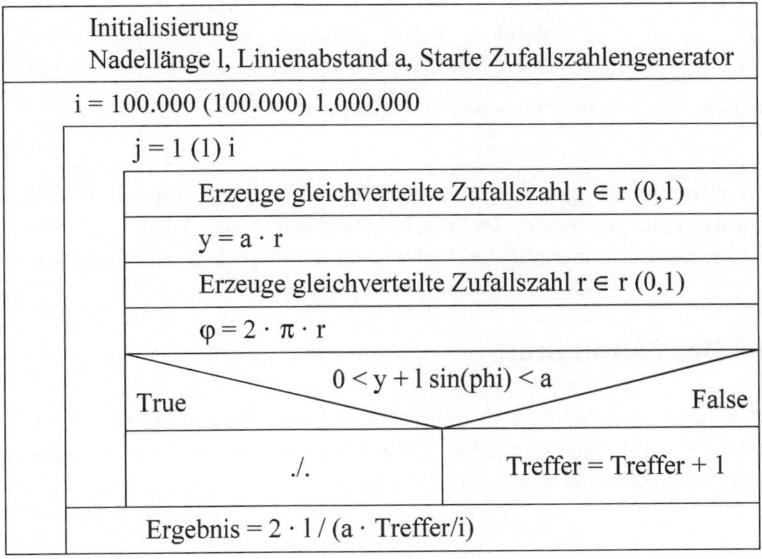

Download 10: mc_10_Nadelexperiment

Buffon fand bei seinen Experimenten heraus, dass sich das Verhältnis von Treffern zu Versuchen zu der Zahl π verhält wie das Zweifache der Stablänge zum Linienabstand. Als Formel:

$$\frac{v}{\pi} = \frac{2l}{a} \tag{3.8}$$

Darin ist

$$v = \frac{Treffer}{Versuche} \tag{3.9}$$

100000	47680	0,4768	3,14597315
200000	95849	0,479245	3,12992311
300000	143244	0,47748	3,14149284
400000	190750	0,476875	3,14547837
500000	239374	0,478748	3,13317236
600000	286840	0,47806667	3,13763771
700000	333863	0,47694714	3,14500259
800000	381712	0,47714	3,1437314
900000	428929	0,47658778	3,14737404
1000000	477875	0,477875	3,13889615

Abb. 3.12 Mögliche Ergebnisse zum Nadelexperiment

In der vierten Spalte des Datenblatts wird die Bestimmung von π nach der Formel (18) mit der entsprechenden Trefferzahl ausgewertet (Abb. 3.12).

Zur exakten Bestimmung der Zahl π ist dieser Versuch allerdings recht nutzlos.

3.5 Das Galton-Brett

Eine weitere interessante und experimentelle Anordnung ist das *Galton-Brett* (Abb. 3.13). Sir Francis C. Galton (1822–1911) entwickelte diese Anordnung zur Veranschaulichung der *Binomialverteilung*.

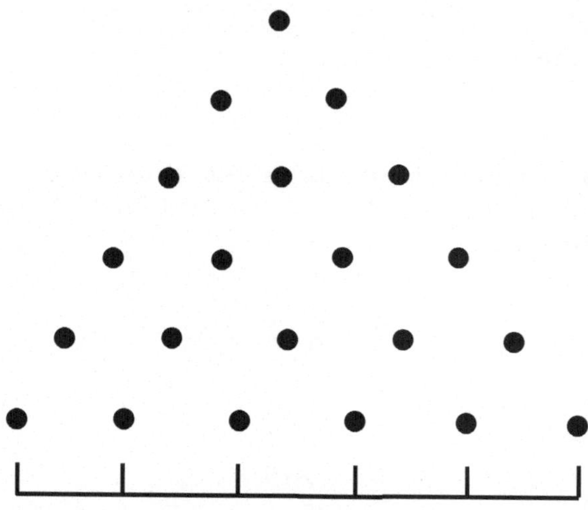

Abb. 3.13 Das Galton-Brett

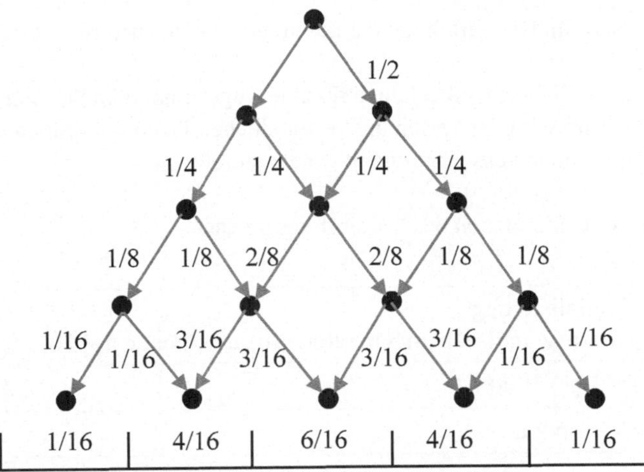

Abb. 3.14 Wahrscheinlichkeitsverteilung

Der Unterschied zur Normalverteilung liegt darin, dass es sich bei der Binomialverteilung um eine sogenannte diskrete Verteilung handelt. Es gibt immer nur ein Ergebnis wie Richtig oder Falsch, Links oder Rechts, etc. Es tritt immer nur die Wahrscheinlichkeit p und die Gegenwahrscheinlichkeit $q = 1 - p$ auf.

Die Normalverteilung ist eine sogenannte stetige Verteilung, wie wir bereits gesehen haben. Ihr Verlauf lässt sich durch eine Funktion, die sogenannten Gauß-Funktion, darstellen. Die Wahrscheinlichkeiten können dann mit Hilfe der Integralrechnung bestimmt werden, siehe oben. Die Wahrscheinlichkeitsfläche unter der Funktionskurve, von − unendlich bis + unendlich, besitzt den Wert 1.

Doch zurück zur Versuchsanordnung. Auf einem Brett sind mehrere Stifte wie gleichmäßige Dreiecke angeordnet. die zusammen ein gleichseitiges Dreieck bilden. Die Anordnung entspricht einem Pascalschen Dreieck. Darunter befinden sich Auffangbehälter.

Eine Kugel, die von oben mittig auf den ersten Stift trifft, kann nach links oder rechts fallen. Ebenso bei jedem weiteren Stift auf dem Weg in einen Auffangbehälter. Die Wahrscheinlichkeit für rechts oder links liegt bei $p = 0{,}5$. Führt man dieses Experiment mit einer großen Anzahl von Kugeln durch, dann sammeln sich die meisten Kugeln in den mittleren Behältern. In den äußeren Behältern befinden sich nur wenige Kugeln. Die Verteilung der gesamten Kugeln entspricht der Binomialverteilung.

Wenn wir die Wahrscheinlichkeiten für eine Kugel einmal im Schema auftragen (Abb. 3.14), dann wird die Verteilung verständlicher. Doch wir wollen diese Verteilung überprüfen und das Experiment wieder simulieren.

Algorithmus 11 Simulation des Galton-Experiments

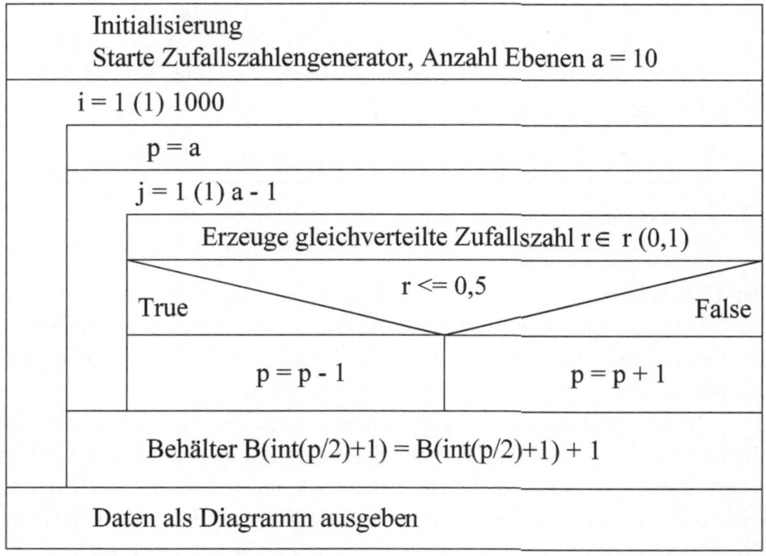

Downnload 11: mc_11_GaltonBrett

Abbildung 3.15 zeigt ein Ergebnis mit 1000 Kugeln auf einem Galton-Brett mit 10 Ebenen. Auch hier ist unschwer die Normalverteilung zu erkennen. Nach dem Satz von *Moivre-Laplace* konvergiert die Binomialverteilung für eine Ereignisanzahl gegen Unendlich gegen die Normalverteilung. Bei einer großen Ereignisanzahl kann daher die Normalverteilung als Näherung verwendet werden.

Die mathematische Behandlung des Galton-Experiments führt zwangsläufig zur *Bernoulli-Kette* und der Behandlung eines n-stufigen Bernoulli-Versuchs. Dabei wird die Zufallsgröße X betrachtet, sie ist die Erfolgsanzahl für „Kugel fällt nach rechts" bzw. „Kugel fällt nach links". Mit X=k wird das Ereignis bezeichnet,

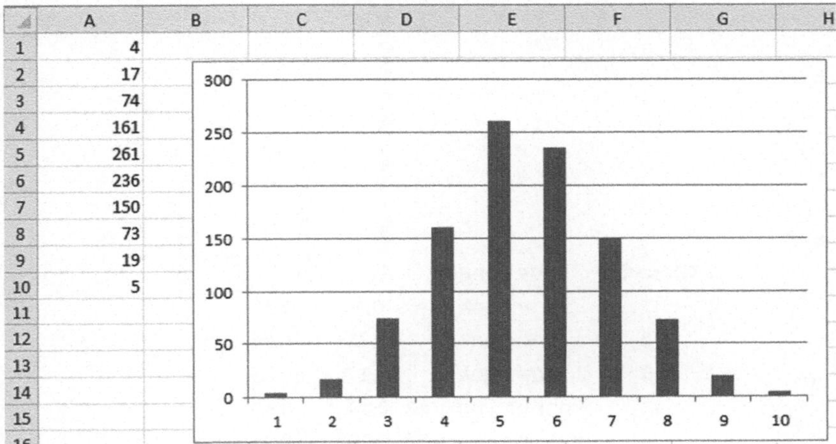

Abb. 3.15 Ein Ergebnis des Galton-Experiments

bei dem ein n-stufiger Versuch k Erfolge ergibt. Beim Galton-Brett rollt die Kugel dann in den Topf k, wenn sie k-mal nach rechts fällt.

Die Wahrscheinlichkeit

$$P(X = k) = \binom{n}{k} p^k (1 - p)^{n-k})$$
(3.10)

ist als *Bernoulli-Formel* bekannt.

3.6 Reparaturzeiten

In der Industrie ist es üblich, den Ausfall von Maschinen und Geräten durch Langzeitstudien zu ermitteln. In unserem Modell betrachten wir eine Person, die für n Maschinen verantwortlich ist. Beim Ausfall der Maschinen kann sie sich jedoch immer nur um eine kümmern. Erst wenn eine Maschine repariert ist, kann sie sich um die nächste Maschine kümmern. Sind viele Maschinen in der Reparatur-Warteschlange, dann kann es zu erheblichen Produktionsausfällen kommen. In kritischen Fällen werden Ersatzmaschinen bereitgehalten. Umgekehrt ist die Person bei zu wenigen Maschinen nicht voll beschäftigt.

Maschine	Bezeichnung	Ausfallwahrscheinlichkeit [1/h]	Maximale Reparaturzeit [h]	Warteschlange
1	Drehbank A	0,1	0,56	
2	Drehbank B	0,21	0,54	
3	Drehbank C	0,17	0,55	
4	Bohrmaschine A	0,14	0,42	
5	Bohrmaschine B	0,19	0,45	
6	Hobelbank A	0,18	0,74	
7	Hobelbank B	0,2	0,56	
8	Fräsmaschine A	0,2	0,45	
9	Fräsmaschine B	0,1	0,48	
10	Fräsmaschine C	0,11	0,46	

Abb. 3.16 Maschinenpark

Der Ausfall von Maschinen ist zufällig. Mit Langzeitstudien kann man jedoch eine gewisse Ausfallwahrscheinlichkeit angeben.

In unserem Modell betrachten wir einen längeren Zeitraum t, den wir in Zeitintervalle Δt unterteilen. Wir nehmen weiterhin an, dass mit einer Wahrscheinlichkeit $x \cdot \Delta t$, $x \in (0, 1)$ eine Maschine in Δt ausfällt. Ebenso sei die Wahrscheinlichkeit $y \cdot \Delta t$, $y \in (0, 1)$ gegeben, dass innerhalt von Δt die Reparatur wieder beendet ist. Die letzte Wahrscheinlichkeit w steht dafür, dass zu einem bestimmten Zeitpunkt t sich m Maschinen in der Warteschlange befinden. Setzt man

$$\lim_{t \to \infty} w(t) = w_m, \tag{3.11}$$

so ergibt sich ein System von Differenzengleichungen

$$y \cdot w_1 = m \cdot x \cdot w_0 \tag{3.12}$$
$$y \cdot w_{m+1} = [x(n-m) + y]w_m - x(n-m+1)w_{m-1}, \textit{für } m = 2,3,4,\ldots$$

Erkennbar ist die Rekursionsformel

$$y \cdot w_{m+1} = x(n-m)w_m. \tag{3.13}$$

Da diese mit Fakultät wächst, kann es zu einem erheblichen Rechenaufwand kommen, den man bei der probabilistischen Simulation umgeht.

Der Maschinenpark für unsere Reparaturperson ist in Abb. 3.16 dargestellt. Die angenommenen Ausfallwahrscheinlichkeiten sind relativ hoch, aber wir wollen ja auch Ausfälle sehen. Die maximale Reparaturzeit wird noch mit einer Zufallszahl multipliziert, da nicht jede Reparatur maximale Zeiten erfordert.

Algorithmus 12 Warteschlangenproblem

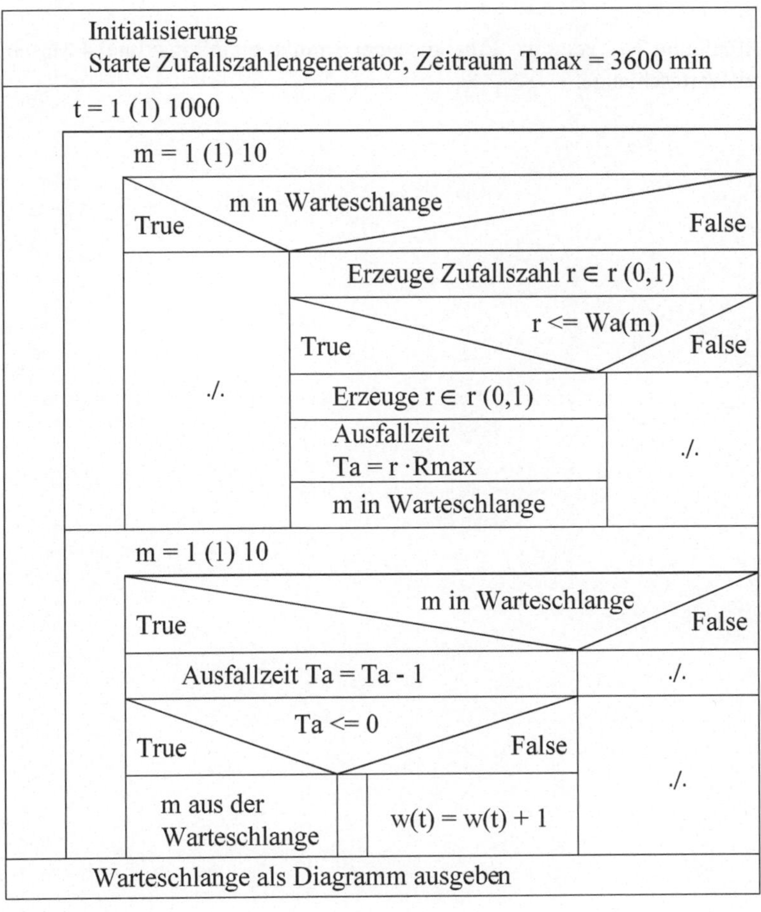

Download 12: mc_12_Warteschlange

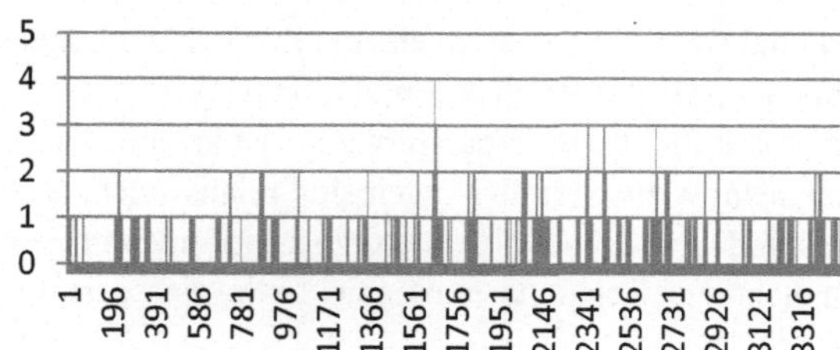

Abb. 3.17 Warteschlangenwerte über der Zeit

Abbildung 3.17 zeigt das Ergebnis einer Simulation mit maximal 4 Maschinen in der Warteschlange.

Was Sie aus diesem Essential mitnehmen können

- Nach welchem Konzept funktioniert die Monte-Carlo-Methode.
- Für welche Problemstellungen lässt sich die Methode anwenden.
- Welche Schwierigkeiten ergeben sich für den modellbasierten Ansatz.
- Anwendung der Pseudozufallszahlen.
- Normalverteilung und Transformationen.
- Welchen Aussagewert Wahrscheinlichkeiten besitzen.
- Einsatzmöglichkeiten von Excel-Prozeduren.
- Visualisierung von Analysen mit Excel-Diagrammen.

© Springer Fachmedien Wiesbaden 2015
H. Nahrstedt, *Die Monte-Carlo-Methode*, essentials,
DOI 10.1007/978-3-658-10149-7

Literatur

Nahrstedt, H. (2011). *Algorithmen für Ingenieure* (2. Aufl.). Wiesbaden: Springer Vieweg Verlag.
Nahrstedt, H. (2014). *Excel + VBA für Maschinenbauer* (4. Aufl.). Wiesbaden: Springer Vieweg Verlag.

© Springer Fachmedien Wiesbaden 2015
H. Nahrstedt, *Die Monte-Carlo-Methode,* essentials,
DOI 10.1007/978-3-658-10149-7